你真的了解
剑龙吗？

英国演化生物学家、BBC（英国广播公司）科普节目主持人

BEN GARROD

给孩子的恐龙书

［英］本·加罗德 著　方琳浩 译

中信出版集团·北京

图书在版编目（CIP）数据

剑龙 /（英）本·加罗德著；方琳浩译. -- 北京：
中信出版社，2019.1
（给孩子的恐龙书）
书名原文：So You Think You Know About
STEGOSAURUS？
ISBN 978-7-5086-9755-0

Ⅰ.①剑… Ⅱ.①本… ②方… Ⅲ.①恐龙－少儿读
物 Ⅳ.① Q915.864-49

中国版本图书馆 CIP 数据核字 (2018) 第 258086 号

剑龙
（给孩子的恐龙书）

著　　者：［英］本·加罗德
译　　者：方琳浩
出版发行：中信出版集团股份有限公司
　　　　　（北京市朝阳区惠新东街甲 4 号富盛大厦 2 座　邮编　100029）
承　印　者：北京画中画印刷有限公司

开　　本：880mm×1230mm　1/32　　　印　　张：3.25　　字　　数：62 千字
版　　次：2019 年 1 月第 1 版　　　　　印　　次：2019 年 1 月第 1 次印刷
京权图字：01-2018-6995　　　　　　　广告经营许可证：京朝工商广字第 8087 号
书　　号：ISBN 978-7-5086-9755-0
定　　价：38.00 元　　　　　　　　　版权所有·侵权必究
　　　　　　　　　　　　　　　　　　如有印刷、装订问题，本公司负责调换。
出　　品：中信儿童书店　　　　　　服务热线：400-600-8099
策　　划：中信出版·神奇时光　　　投稿邮箱：author@citicpub.com
策划编辑：韩慧琴　谷红岩　　　　　网上订购：zxcbs.tmall.com
责任编辑：韩慧琴　　　　　　　　　官方微信：中信出版集团
装帧设计：灵思舞意　刘翠微　　　　官方网站：www.press.citic

致敬科学极客

你们也是超级英雄

　　我从小就非常爱动物。我曾经在我家的花园和海边的悬崖上观看鸟类、松鼠和青蛙。当我十岁的时候，我决定去非洲，与野生动物一起生活，并写下关于它们的书籍。每个人听后都笑了，非洲很远，而我只是一个小女孩。当时是 1944 年，没有女孩做那样的事情。但我妈妈说："如果你真的很想实现这个愿望，你就必须努力，抓住机会，永不放弃。"这也是我给你的建议。

　　当我遇到路易斯·莱基博士并能够在坦桑尼亚贡贝国家公园研究黑猩猩时，我的梦想成真了。黑猩猩帮助我科学地证明了，动物和人类一样有个性、思想和情感。我终于建立了一个研究站，我的学生们目前仍在学习关于贡贝黑猩猩的新发现，就像科学家们总是在研究新的恐龙物种那样。

　　我认识本·加罗德博士多年，在这里，我和他一起鼓励你追逐梦想。

序

珍·古道尔博士

也许你不打算成为一名科学家，但即使如此，你也需要了解科学家所做的工作，因为这有助于了解我们所生活的精彩的世界——关于演化和各种奇妙的生物。目前还有很多物种尚未被发现。也许你会发现其中之一！也许它会以你的名字命名！

将来无论你决定做什么，我希望你永远对我们神奇的世界充满好奇，并深受那些用毕生精力发现并分享世界奥秘的人的鼓舞。最重要的是，你将和本·加罗德博士还有我一起，为保护地球上的生命而努力。

让我们开始极客之旅吧！

自序

Hey Guys

嗯，我得承认，我错了，尽管我一般都不承认这一点。我一度认为，只有接受过从小学到大学的一系列教育，并在实验室或热带雨林中开展过研究工作，才能算是一名真正的科学家。但现在，我的想法发生了一些奇特的变化：我接受的教育越多（我已经在三所大学完成了学业），我在潮湿雨林、酷热沙漠、热带岛礁上做的工作越多，我就越意识到，每一个人都可以在任何年龄段成为一名科学家。只要你对科学感兴趣，并充满热情，那么你就是科学家。

科学造福我们每一个人，它渗入我们生活中的方方面面。要想成为一名科学家，你唯一需要做的一件事是想办法"融入"。你是否计算过自家花园中鸟的数量，并将调研结果贡献给全国鸟类普查工作？你是否收藏化石并详尽记录了发现它们的时间和地点？你是否有一个蠕虫养殖场，并观察蠕虫们如何将落叶和生活垃圾一点点降解的？你是否会通过清理附近沙滩上的塑料垃圾来保护海鸟？所有这些都是科学家们在做的事情，并不是只有穿上白色实验服、摆弄实验试管、了解全宇宙的知识才能成为科学家。你可以发一些关于科学的博文，拍一些相关照片，或者只是独自悄悄地做一些秘密的研究，这些事都意味着你融入了"科学圈"——一个既酷又独特的圈子。这个圈子既包括宇航员、工程师，也包括鲨鱼生物学家、数学家、植物学家，当然，古生物学家也不例外。

我的父母都不是科学家，我的家族中也完全没有从事科学事业的人。但幸运的是，我在年幼时遇到一位名叫珀西的科学家，他没有将我当成小孩子看待。他让我觉得我也可以讨论科学，可以努力成为了不起的科学家们中的一员。当我再长大一些，我遇见了另一位非常伟

大的科学家——珍·古道尔博士，并有机会跟她交流。她在非洲持续观察、研究野生黑猩猩已经 50 年了，而我很幸运地得到了和珍博士一起住在丛林中并每天一起观察，研究黑猩猩的工作机会。现在再回想起这段经历，我觉得我简直得到了全世界最棒的工作。一方面，因为我实在太喜欢我所做的事情了，另一方面，年少的我因为这个工作找到了成为科学家的信心。

如果你觉得自己是一位年轻的科学家，那么请记住，你已经是这个巨大的科学圈中的一员，在这里，你可以和世界各地的任何人讨论你喜欢的科学。我敢保证，不管到哪里，你都会找到愿意与你探讨他们的研究项目、并帮助你融入科学圈的科学家。当然，也有一部分不好相处的科学怪人会觉得，科学一定只能和真正的科研人员交流，但是绝大部分的科学家都是乐于交流和鼓励年轻人的。

成为一名科学家非常有趣，但不那么容易，尤其是当你还年轻的时候。虽然科学看起来不像体育运动或时尚那么酷，但这没关系，既没有人会说体育运动和科学不能兼得，也不会有人说科学家一定要懂得时尚。成为怎样的人只取决于你自己。

地球上已经有 70 亿人了，每一个人都是独特的存在。想象一下如果所有人都只喜欢同一件事会多么无聊。我们应该为独特的自己和自己所爱的事物感到骄傲。要记住，这世界上还有许多小科学家，你一定会从中找到与你有同样爱好的人。现在开始思考成为一名小科学家意味着什么，想象你可能会经历的有趣的对话、认识的了不起的科学家，以及从事的非凡的事业吧！

一起成为一名极客吧！

本·加罗德

第一章　初识恐龙 ● ● ● ● ● ● ● ● ● ● ● ● **①**

什么是恐龙　　　　　　　　　　2

这就是恐龙　　　　　　　　　　6

恐龙鉴定单　　　　　　　　　　8

第二章　探索恐龙 ● ● ● ● ● ● ● ● ● ● ● ● **⑪**

剑龙　　　　　　　　　　　　　12

恐龙家族树　　　　　　　　　　14

剑龙的近亲　　　　　　　　　　19

第三章　揭秘恐龙 ● ● ● ● ● ● ● ● ● ● ● ● **㉕**

何时何地　　　　　　　　　　　26

问问专家： 为什么剑龙长了骨板和尖刺？　**31**

目录

第四章　探究恐龙 •••••••••• **37**

剑龙的解剖结构　　　　　　　　38

第五章　恐龙地盘 •••••••••• **53**

栖息地与生态系统　　　　　　　54

科学前沿： 恐龙的声音是什么样的?　59

第六章　恐龙快闪 •••••••••• **63**

进化军备竞赛　　　　　　　　　64

战斗开始　　　　　　　　　　　65

实操训练： 化石发掘者　　　　75

小测试答案　　　　　　　　　　82

专业词汇表　　　　　　　　　　84

第一章

初识恐龙

什么是恐龙

如果你读了我撰写的"给孩子的恐龙书"系列的其他几本书，你就会知道科学家有很多办法来判断骨骼化石是否属于恐龙。恐龙的骨骼上有很多信息，从头骨一直到腿骨、趾骨，处处都有表明它们是恐龙的证据。其中，最重要的就是头骨化石，头骨化石可以迅速地告诉我们，它是恐龙还是恐龙的近亲，或者是个与恐龙完全无关的物种。

恐龙是双孔亚纲，也就是说在它们的每只眼睛后面，头骨两侧的位置发育有两个特殊的颞孔。而我们（作为哺乳动物）属于单孔亚纲，即在每只眼睛后面只有一个颞孔。

双孔亚纲

单孔亚纲

哪一个头骨是早期哺乳动物的头骨？哪一个是恐龙头骨呢？

还有很多看起来像恐龙，但通过一些证据证实却不是恐龙，而是已灭绝的其他动物的例子。其中最大的错误认知与一种"会飞的恐龙"，即翼龙有关。事实上，它们并不是恐龙。所有的翼龙，如著名的翼手龙和风神翼龙，都只是会飞的爬行动物，而不是恐龙。

我们也时常会在看到诸如沧龙、上龙、鱼龙这样的史前海洋掠食者时脱口而出"嘿，看这只恐龙"，不过，事实上，这些动物都不是恐龙，而是史前海洋爬行动物。

还有一些更奇特的动物，比如在 2017 年刚被发现并定种的印度犄龙。它体长 3 ~ 4 米，相貌怪异，许多科学家都感叹它诡异的外表。被错认成恐龙的翼龙和海洋中的掠食者鱼龙与恐龙生活在同期，犄龙则生

活在距今约2.4亿年前,与最早期的恐龙同期。就像前面提到的动物一样,犄龙也不是恐龙,而是属于主龙形类的动物类群。主龙形类动物是一种早期的爬行动物种群,后来演化出恐龙、翼龙、鳄鱼和鸟类。

棘龙

异齿龙是我始终最喜欢的种属之一,同时也是最常让人陷入"它是否属于恐龙"的疑惑的典型例子。异齿龙是一种巨大的四足动物,生活在2.7亿年前二叠纪时期的德国区域,由于陆地板块漂移,也就是现今美国的位置。异齿龙中一些种属体长可达4.5米,在它们后背的椎骨上有很多巨大的体棘使它们的背部隆起,像一个高高的帆。

异齿龙的外表和生活习性都像爬行动物,不过它并不是爬行动物;它的外表和生活习惯又很像恐龙,不过它也不是恐龙。很多人认为它是恐龙,但是实际上,在第一只恐龙出现之前的4000万年前,它就已经灭绝了。更为神奇的是,它甚至比现在的爬行动物都要更像哺乳动物。

异齿龙

哺乳动物并不是从异齿龙演化而来的，我们将它划分到类哺乳动物的爬行动物（但请记住：它们既不是哺乳动物，也不是爬行动物或恐龙中的任何一种）。这类动物的学名叫作类哺乳爬行动物，属于单孔亚纲。你还记得单孔亚纲吧？在它们的头骨上眼睛的后面有几个颞孔？这说明异齿龙是头骨上每只眼睛后侧只有一个颞孔的动物，但它并不是哺乳动物，虽然哺乳动物眼睛后侧也只有一个颞孔。尽管它的体形和暴龙、三角龙一样大，但异齿龙和它们却一点血缘关系都没有，异齿龙和人类的血缘关系更近一些。这听起来太神奇了，但科学有时就是这样，你研究得越多，了解得越多之后，就越发现世界真神奇。太酷了，对吧？

这就是恐龙

当我们看过了容易被混淆成恐龙的鱼龙、翼龙，以及犄龙、异齿龙的例子之后，如何判断恐龙似乎变得更困惑了。但这些看起来像恐龙实际上却不是恐龙的例子，让我们不仅认识到古生物学的复杂性，还意识到正确辨认事物在科学上的重要意义。不管你是研究水母、树木还是恐龙，正确地辨认生物的特点对于研究工作都是至关重要的。

这里列出了古生物学家辨认恐龙的具体特点清单。看看这个清单里的内容有多少你可以在下次参观当地博物馆的时候派上用场。

其一，恐龙头骨的每只眼睛后面有两个朝向头骨后部的颞孔。

这说明它们是双孔亚纲。

其二，所有恐龙的腿都是垂直于身体的。

下次当你去户外时可以观察一下鳄鱼的腿（但记得不要靠太近）。鳄鱼与我们人类直立的双腿不同，它的腿会在中间某处弯折。所有有腿的爬行动物，诸如鳄鱼和它们的近亲蜥蜴的腿都是这样弯曲的——从身体向外伸出后再向下弯折。

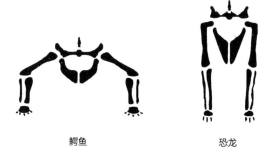

鳄鱼   恐龙

所有恐龙（无论是四足，还是两足）走路时腿都是直立的。这使得它们行走或跑步时能轻松地呼吸——利于捕食其他恐龙或者逃跑。另外，直立的腿也会比弯曲的腿使得它们能够承载更庞大的身躯。

其三，恐龙的前肢很短。

我们都知道暴龙和它的近亲恐龙有着非常短小的前肢，但其实几乎每一只恐龙的前肢都比我们想象的要更短一些。低头看一看你的胳膊——上臂骨头（肱骨）仅仅比下臂骨（桡骨和尺骨）长一点。但对于恐龙来说，桡骨一般至少比肱骨短20%。

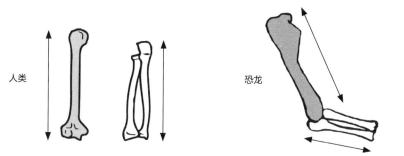

人类   恐龙

恐龙鉴定单

 在眼窝之后的两个洞（上下颞孔）之间，有一个深凹，称之为颞上窝。

 大多数恐龙的颈椎骨还有额外的突出，仿佛每个骨节两边都长了一个小小的翅膀。这些突出的小骨块学名叫作上突。

 在前肢上部的肱骨边缘有一块隆起，用来附着巨大的肌肉组织。这块隆起约占肱骨长度的 30%。

 股骨上的隆起（第四转子）巨大而且棱角分明，能够让肌肉附着。

 头后骨骼并未在中部愈合。

 胫骨突出并向外生长。

 在小腿腓骨和脚踝连接处，有一个大型的距骨凹。

恐龙一共有多少种呢？这听起来是个很容易回答的问题，但实际上我们到现在都还不知道这个问题的答案。一些科学家认为有 800 种左右，而另一些科学家认为至少有 1000 种。我们不知道这个问题的答案，是因为有些物种只是根据几块破碎的小化石命名的，而且没有足够的证据证明这些化石来自一个新的物种。

有时科学家不免要就新的发现是否是新物种而争论。很多人问我还有多少种恐龙有待发现。我们永远也不会知道（除非我们发现了所有恐龙），但请记住，现在地球上仅存活的鸟类就有约 1 万种，所以很可能有更多的恐龙有待我们发现。

第二章
探索恐龙

剑龙

你能想到多少种有名的植食性恐龙？阿根廷龙、甲龙和三角龙这样的恐龙肯定能出现在这个名单上，当然还有史前最著名的植食性动物剑龙。大多数人都能认出剑龙，它是有史以来最出名、最易识别的恐龙物种之一。识别剑龙时，坚实的四足身体和小头是有用的线索，但最好辨认的特征还是沿着背部成排发育的骨板和尾部末端的巨大尖刺。这些特

点能帮助我们正确地辨认剑龙及其近亲恐龙。剑龙可能不能算是有史以来最酷的恐龙，但作为拥有重装甲的植食性动物，剑龙仍然充满了秘密和惊喜。

第一个剑龙化石是费尔奇先生于 1876 年在美国科罗拉多州发现的。科学家针对这些化石进行了一系列研究，一年后，这些骨骼化石被著名古生物学家奥思尼尔·马什正式定名。马什与他的化石挖掘团队一起，发现了数百种新物种的化石，其中包括三角龙、迷惑龙、异特龙和剑龙。想象一下，如果是你和你的伙伴发现并命名了这些很酷的恐龙物种，那感受该有多棒？剑龙生活在侏罗纪晚期，距今 1.557 亿至 1.508 亿年间，多发现于北美洲西部。剑龙是一种平均体长 3 米、体重 2 吨的大型植食性恐龙，最长可达 9 米，重达 7 吨。

对于很多恐龙，我们总是试图弄清楚它到底有多少种类。例如，暴龙可能只有一种，梁龙肯定有两种。但剑龙的种类在这些年里引起了很多争论。一些科学家认为剑龙可能多达十种。但现在，大多数人都认同剑龙至少可分为两种：狭脸剑龙和科摩崖剑龙。可能有第三种剑龙——装甲剑龙，不过目前还没有足够的化石证据。事实上，我们无法确定这几种剑龙是否足够不同以致可以确认为单独的种。剑龙的种数未来可能还会发生变化，但目前确定的至少有两个种了。

恐龙家族树

　　剑龙是鸟臀目恐龙下的一个属，属于装甲类恐龙。该类还包括甲龙类。剑龙在北美洲、非洲和亚洲都有发现。（鸟臀目恐龙还包括三角龙

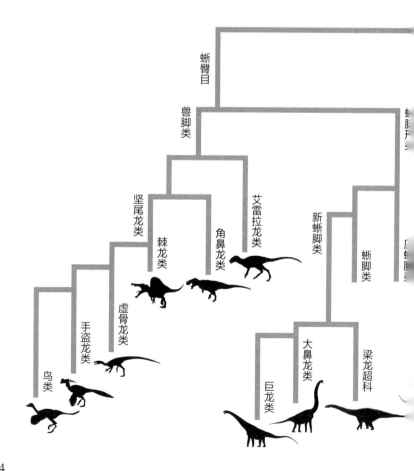

等有角恐龙、禽龙及其近亲恐龙、肿头龙）

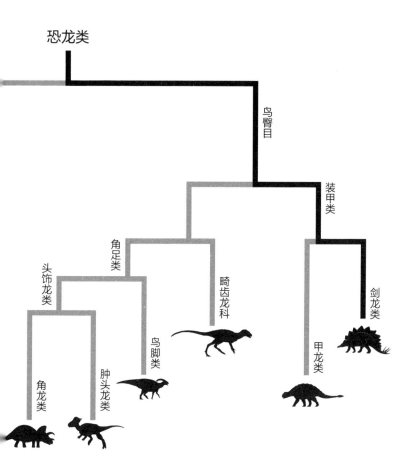

恐龙类

鸟臀目

装甲类

角足类

头饰龙类

畸齿龙科

剑龙类

鸟脚类

甲龙类

角龙类

肿头龙类

剑龙科

剑龙科包括许多种剑龙。它们都是植食性动物，头部小，髋部大，用四条短腿走路。不同物种之间的差异主要体现在沿着身体延伸的骨板和尖刺的形状、大小和排列上。有些物种只有一排骨板，而有些则有两排。

剑龙是剑龙科的一部分，剑龙科是比剑龙更高的等级。如钉状龙和乌尔禾龙是近亲，同属于一个剑龙科。

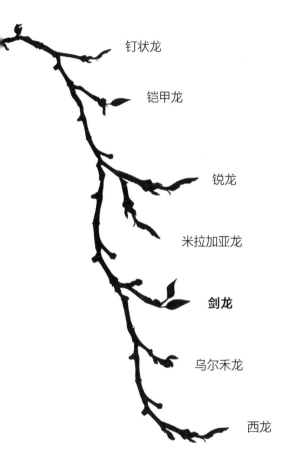

钉状龙

铠甲龙

锐龙

米拉加亚龙

剑龙

乌尔禾龙

西龙

研究恐龙等已经灭绝的物种就像在玩丢失了大部分碎片的拼图游戏。除非你找到它的所有化石，否则永远没办法 100% 还原恐龙，这也是剑龙使古生物学家争论不休的原因。一些人认为剑龙只有两个种，而另一些人认为至少有十个种。

一个很棘手的问题来自马达加斯加的化石。

科学家于 1926 年发现了一些牙齿化石，认为它们来自一个新物种。然后将其划归到了兽脚类，或判定为鳄鱼。但现在我们认为这些化石可能属于一只甲龙。多年来，有许多剑龙被鉴别错的例子。

甲龙

剑龙的近亲

科摩崖剑龙——有蹄的屋顶蜥蜴

2米

9米

这是已经确定的一种剑龙。它也是剑龙里体形最大的恐龙，身长可达9米。剑龙的两个种看起来很相似，但其实存在一定差异。想象一下：它们并排站立，科摩崖剑龙的后肢、股骨和腰带骨都比狭脸剑龙更长，它的骨板更尖、更小，但仍然有宽底座和窄尖端，它的尾部尖刺上方有几对扁平的小骨板。在许多老的复原图上，这个种都被画了八个尾刺，但现在科学家认为是四个尾刺。

乌尔禾龙——乌尔禾发现的蜥蜴

2 米

7 米

乌尔禾龙是生活在早白垩纪的一种剑龙，在蒙古国和中国被发现。由于乌尔禾龙生活在侏罗纪晚期，它也是剑龙中出现最晚的一个种之一。目前科学家只发现了乌尔禾龙的一小部分骨架，因此无法完全将其定种，但他们认为乌尔禾龙体长可达 7 米，体重超过 4 吨。一些较早研究乌尔禾龙的科学家认为，乌尔禾龙的骨板比其近亲恐龙更平坦、更圆，但我们现在认为，这可能是因为它的骨板损坏了。乌尔禾龙的身体比其他大多数的剑龙更靠近地面，这使它能够以低矮的植物为食。

巨棘龙——大型刺骨蜥蜴

外形奇怪的巨棘龙生活在侏罗纪晚期，最早发现于中国四川地区。它是一种中等大小的恐龙，体长超过 4 米，体重半吨多一点。巨棘龙的头部和颈部后面有小的三角形骨板，头部比许多近亲恐龙大。它的髋骨非常大且坚实，腰带骨和尾巴中的椎骨以实心块体的方式融合在一起，这意味着它的后端有很大的力量。它令人印象最深刻的特征是两个巨大的肩刺。虽然我们并不完全确定其肩刺是用于展示还是防御（或两者兼而有之），总之它们特别酷，是外形使人印象深刻的恐龙。

钉状龙——带刺的蜥蜴

2米

4.5米

这种恐龙生活在侏罗纪晚期，分布在今天的坦桑尼亚。我们曾以为它属于剑龙的早期成员，但我们现在知道它只是与剑龙十分相近的一种恐龙。钉状龙体长约 4.5 米，体重超过 1 吨。

与许多其他剑龙，特别是北美洲的剑龙不同，钉状龙从头部至背部一直向后都有双排的骨板。骨板在背部的一半处合并变成尖刺，并继续向尾部延伸，且尾部的尖刺最长。它的肩膀上也长有一对长尖刺，用于防御或展示。

剑龙的英文名字的意思是"屋顶蜥蜴"。这个名字的出现是因为 19 世纪的科学家认为剑龙的骨板沿着背部发育的样式，就像屋顶上的瓦片一样。现在我们知道，其实骨板不是真的像瓦片那样叠置，而是直立的。这些骨板其实本质上是盾甲，但大多数人仍使用骨板这个词。

一开始，科学家们不知道这种新型神秘动物是什么样子，也不知道它有怎样的生活习性。他们唯一能想到的就是它的外形和

行为看起来像是一只巨型的乌龟，因为在那时恐龙是一个新概念。现在，我们显然对恐龙有了更多了解，甚至能够说出更多像剑龙一样酷酷的恐龙。

小测试

你真的了解恐龙吗？

· 化石骨骼中帮助我们判断是恐龙还是其他动物最重要的部分是什么？

· 在翼龙、异齿龙、巨棘龙中，哪些不是恐龙？

· 异齿龙生活在什么年代？

· 剑龙属中我们已经可以确定的剑龙是哪两种？

· 巨棘龙有什么特别之处？

（答案见本书第 82 页）

第三章

揭秘恐龙

何时何地

恐龙生活的时代可划分为三个主要时期（我们称之为纪），分别是三叠纪、侏罗纪和白垩纪。剑龙生活在侏罗纪晚期。三叠纪末期发生过一次生物大灭绝，在那次灭绝中，恐龙幸运地活了下来（与白垩纪末期的大灭绝时恐龙全部灭绝不同）。这意味着在整个侏罗纪期间，新物种有较大的演化空间，在数百万年间有各种外形和大小的恐龙生存。

其中演化得很好的代表性恐龙类群就包括剑龙及其近亲恐龙装甲类恐龙。装甲类恐龙其实有很多种，但侏罗纪最广为人知的还是剑龙。侏罗纪从 2.013 亿年前开始到 1.45 亿年前结束，持续了 5630 万年。剑龙主要生活在侏罗纪晚期，即 1.55 亿年前至 1.50 亿年前之间。

剑龙是在哪儿被发现的？

在恐龙时代的早期，地球上的大部分陆地组成了一个巨大的超大陆——泛大陆，在侏罗纪期间，这块超大陆开始分裂成两块大陆，南部叫冈瓦纳古陆，北部叫劳亚古陆。剑龙化石就在科罗拉多州、怀俄明州、犹他州等美国西部的一些地方被发现。

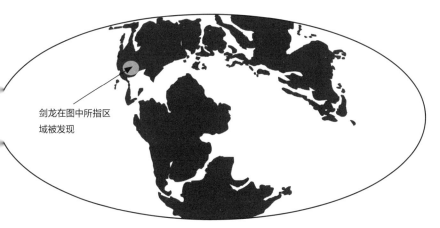

剑龙在图中所指区
域被发现

晚侏罗纪时期的世界地图

它们的化石也在大西洋另一端的葡萄牙被发现。显然，剑龙既不会飞到那里，也不可能游泳游过去……它们只可能是走到那里的。这种情况只可能发生在数百万年前两个区域仍连在一起的时候，并且是在劳亚古陆分裂为我们现在所知道的北美洲和欧洲等大陆之前。

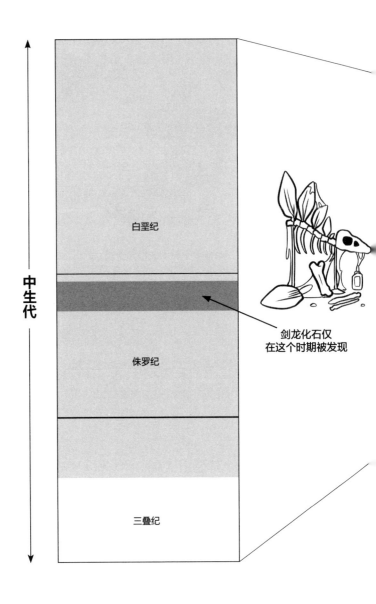

中生代

白垩纪

剑龙化石仅
在这个时期被发现

侏罗纪

三叠纪

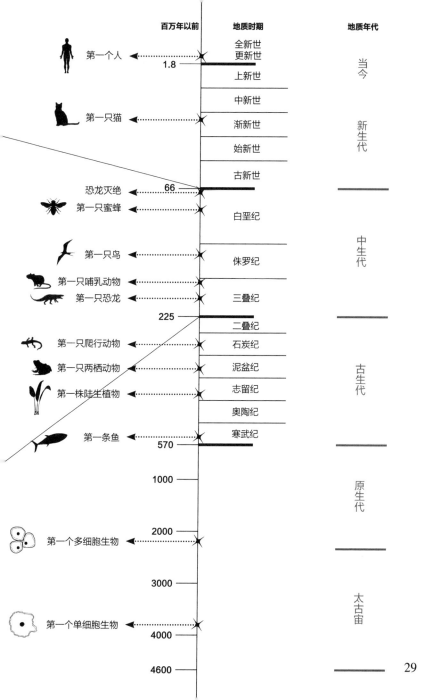

	百万年以前	地质时期	地质年代
第一个人	1.8	全新世 更新世 上新世	当今
第一只猫		中新世 渐新世 始新世	新生代
恐龙灭绝 第一只蜜蜂	66	古新世 白垩纪	
第一只鸟		侏罗纪	中生代
第一只哺乳动物 第一只恐龙	225	三叠纪 二叠纪	
第一只爬行动物 第一只两栖动物 第一株陆生植物 第一条鱼	570	石炭纪 泥盆纪 志留纪 奥陶纪 寒武纪	古生代
	1000 2000		原生代
第一个多细胞生物	3000		
第一个单细胞生物	4000 4600		太古宙

29

问问专家：
为什么剑龙长了骨板和尖刺？

从业余化石搜集者，到世界著名的科学家，

很多人都从事与恐龙相关的工作，

有的人去埋藏地挖掘化石，有的人在实验室做研究，

有的人像创作艺术品一般拼接恐龙的化石。

苏西·梅德蒙特博士

古生物学家

伦敦自然历史博物馆（英国）

苏西·梅德蒙特博士在伦敦自然历史博物馆工作，

她是研究剑龙及其近亲恐龙的世界顶级专家之一。

她还研究存在着化石的沉积岩的地质信息以及随着时间它们如何变化，

并且她也是在一块距今 7500 万年的恐龙骨骼上发现血细胞的团队的一员

我们问她："为什么剑龙长了骨板和尖刺？"

虽然剑龙是最容易辨认的一种恐龙，但它的化石却非常罕见。我们现在仍然不大清楚它是如何生活的。剑龙从颈部到尾部有两排骨板，尾巴的末端有四个尖刺。但是剑龙用这些骨板和尖刺做什么呢？它们的功能是什么呢？尖刺是相当可怕的，剑龙最有可能将它用作武器。研究表明，剑龙可以通过从一侧向另一侧摆动尾巴的方法向掠食者发起勇猛的攻击。现今发现的一只异特龙脊椎（背部的骨头）上的一个洞，被认为是被剑龙尖刺攻击而造成的。

那骨板呢？它的功能又是什么？研究人员提出了几种设想。首先，很可能是防御：骨板可以保护剑龙免受掠食者的撕咬。其次，它们可能被用于调节体温。这意味着骨板可以帮助剑龙调节体温以使体温稳定。与人类和其他哺乳动物不同，剑龙很可能是变温动物。它们无法像哺乳动物那样通过出汗或呼吸来调节体温。剑龙躯体庞大，平均体长 3 米，体重 2 吨。所以剑龙需要面临的一个主要问题就是，如果它们想保持恒定的体温，就必须散去由于走动、肖化食物及其他代谢过程产生的体热。

　　一些研究人员认为剑龙将它的骨板当作体温散热器：一旦血液在体内过热，它就会被抽出并存入骨板中，当血液靠近骨板的皮肤表面时，血液温度就会降下来。

　　关于剑龙骨板功能的另一个说法是用于展示。也许剑龙利用看起来吓人的骨板去恐吓想要进攻的掠食者，其作用就像黄蜂身上的条纹一样。或者可能是用它们进行辨识，识别出同一物种的小伙伴，确保自己与正确的类群待在一起。

剑龙类恐龙分布在世界各地：剑龙这个属只在美国出现，而英国的剑龙类有锐龙和铠甲龙两个属，中国的剑龙类也有不少属种。

在我的研究中，我注意到不同类型的剑龙有不同形状的骨板和尖刺。在中国，即使在同一环境中也有不同类型的剑龙一起生活。我认为这从侧面说明了剑龙骨板的演化主要是为了展示，以此确保自己能与相同的属种生活和交配。但实际上，相较其他恐龙，剑龙的骨板又非常独特，它们大而扁平，因此我怀疑剑龙的骨板可能同样有降温的作用。

想要证实这些推测确实非常困难，但是目前，一些古生物学家正在使用一些类似于用于提高F1赛车性能的工程技术，以及通过了解空气在飞机机翼上下如何流动的方法，来探究剑龙的骨板是否被用作体温散热器。

第四章

探究恐龙

剑龙的解剖结构

剑龙的骨骼

所有动物的骨骼都会告诉我们动物是如何移动和进食的。剑龙骨骼就是一个很好的例子。没有什么能够像剑龙的骨骼这样能说明这些信息。

头骨

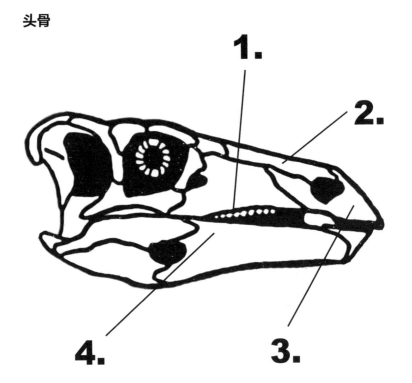

1. 许多有喙的植食性恐龙（如三角龙和埃德蒙顿龙）有强壮的下颌和牙齿，它们的形状非常适合研磨食物。然而，剑龙的牙齿很小，形状浑圆，看起来像小山包。 一些科学家认为它有脸颊，可以咀嚼食物，但我不是很同意这种说法。如果它只能上下移动下颌，这样咀嚼起来非常困难。 你可以试着仅仅用上下咀嚼的方式来吃早餐，然后再试试下巴左右咀嚼的方式，看看哪个更容易。

2. 大多数恐龙都有眶前孔，这个词的意思是"眼睛前面的窗口"。它们位于眼睛正前方、眼睛和鼻子之间的头骨两侧。但剑龙却没有这个结构。

3. 剑龙的头骨长而窄，有尖尖的鼻子。

4. 你可以张开和闭合你的下颌，还可以左右活动。但是一些恐龙，如三角龙，只能上下移动它的下颌。剑龙与三角龙一样，科学家们认为它的嘴就像一把剪刀，一开一合地剪断和切碎食物。

这些头骨来自三种不同的植食性恐龙：

a. 剑龙

b. 死神龙

c. 板龙

　　在一些研究中，它们都被用来观察和对比剑龙的咬合力有多强。它们的头骨看起来很相似，内部结构却能够告诉我们不同的恐龙进食时的差异。剑龙没有眶前孔（位于眼窝和鼻孔之间的洞），因此它的头骨更强大，比其他许多史前植食性动物具有更强大的咬合力。这很好理解，有洞的物体一般都不太坚固。剑龙的咬合力强度可能与牛的相同，但只有人类的一半。

科学家们不确定的另一件事是剑龙的嘴是否有喙。它们没有门牙，头骨的末端很窄，所以可能有喙。如果剑龙长有喙，它可能是由角蛋白（与我们的头发和指甲相同的物质）构成的，外形上看起来像可能海龟的喙。事实上，科学家目前也并不完全了解剑龙如何吃食物。

剑龙的牙齿看起来与许多其他植食性恐龙不同，如三角龙。它的牙齿间有间隔，不能研磨植物。它们就像小山包，顶部看起来像是贝壳边缘与卡通图画中云的组合。

骨架

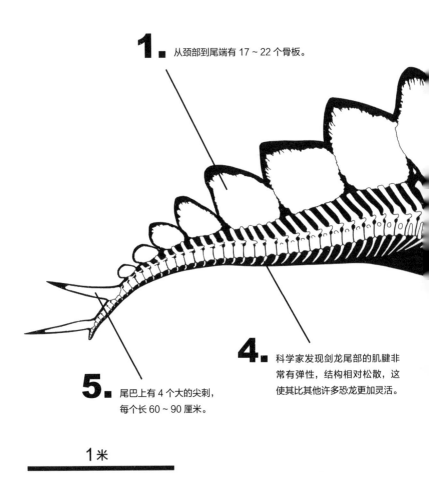

1. 从颈部到尾端有 17 ~ 22 个骨板。

4. 科学家发现剑龙尾部的肌腱非常有弹性，结构相对松散，这使其比其他许多恐龙更加灵活。

5. 尾巴上有 4 个大的尖刺，每个长 60 ~ 90 厘米。

1米

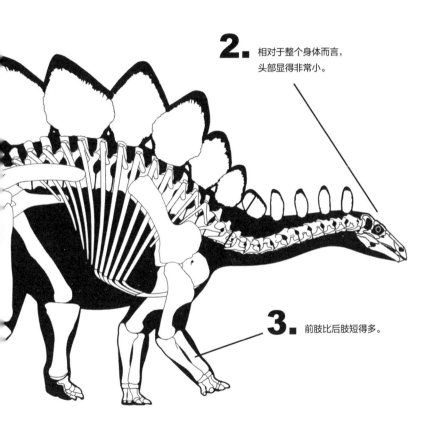

2. 相对于整个身体而言，
头部显得非常小。

3. 前肢比后肢短得多。

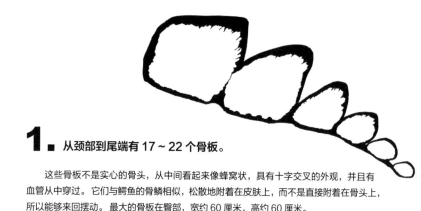

1. 从颈部到尾端有 17 ~ 22 个骨板。

这些骨板不是实心的骨头，从中间看起来像蜂窝状，具有十字交叉的外观，并且有血管从中穿过。它们与鳄鱼的骨鳞相似，松散地附着在皮肤上，而不是直接附着在骨头上，所以能够来回摆动。最大的骨板在臀部，宽约 60 厘米，高约 60 厘米。

2. 相对于整个身体而言，头部显得非常小。

剑龙和三角龙的体长相似，但剑龙的头比它这位三角龙近亲要小得多。

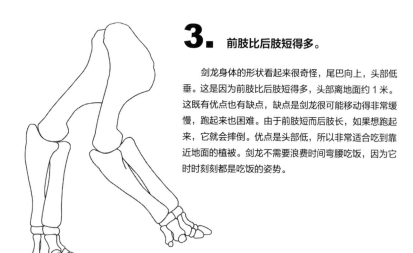

3. 前肢比后肢短得多。

剑龙身体的形状看起来很奇怪，尾巴向上，头部低垂。这是因为前肢比后肢短得多，头部离地面约 1 米。这既有优点也有缺点，缺点是剑龙很可能移动得非常缓慢，跑起来也困难。由于前肢短而后肢长，如果想跑起来，它就会摔倒。优点是头部低，所以非常适合吃到靠近地面的植被。剑龙不需要浪费时间弯腰吃饭，因为它时时刻刻都是吃饭的姿势。

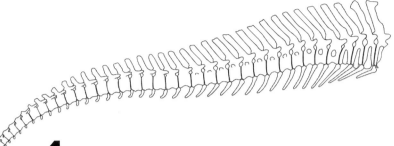

4.

科学家发现剑龙尾巴的肌腱非常有弹性，结构相对松散，这使其比其他许多恐龙更灵活。

如果剑龙的尾巴是用来攻击的，那么，僵硬的尾巴几乎派不上任何用场，灵活的尾巴才有用武之地。科学家已经发现，松散而有弹性的肌腱（将肌肉与骨骼连在一起的弹绳状组织），使得剑龙的尾巴比其他恐龙更加灵活，非常适合摆动 4 个致命的尖刺。

5.

尾巴上有 4 个大的尖刺，每个长 60 ~ 90 厘米。

科学家们试图探寻它们是用于展示还是用于战斗，发现大约 10% 的剑龙化石尾刺已经损坏，这意味着它们是用来攻击的，被攻击的对象可能是其他的剑龙或是某些掠食者。尖刺从尾部沿水平方向生长出来，这使得它们可以从一侧向另一侧挥砍。

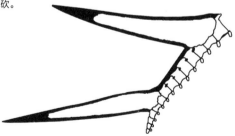

剑龙的身体

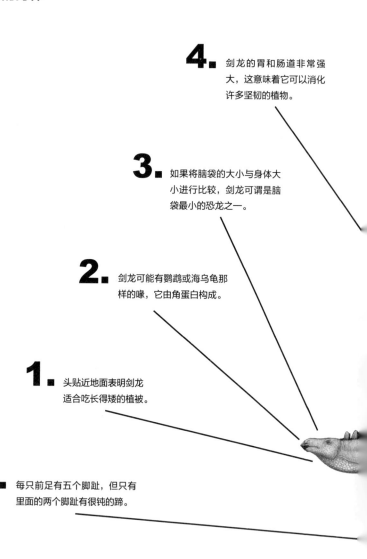

4. 剑龙的胃和肠道非常强大，这意味着它可以消化许多坚韧的植物。

3. 如果将脑袋的大小与身体大小进行比较，剑龙可谓是脑袋最小的恐龙之一。

2. 剑龙可能有鹦鹉或海乌龟那样的喙，它由角蛋白构成。

1. 头贴近地面表明剑龙适合吃长得矮的植被。

7. 每只前足有五个脚趾，但只有里面的两个脚趾有很钝的蹄。

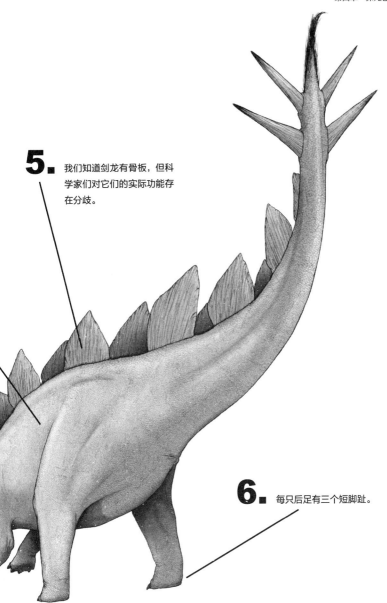

5. 我们知道剑龙有骨板，但科学家们对它们的实际功能存在分歧。

6. 每只后足有三个短脚趾。

1. 剑龙头很低不是一个缺点。长颈鹿和蜥脚类恐龙的头很高，所以它们可以以树木和其他高大的植物为食。头靠近地面意味着剑龙适合吃到低矮的植被，如蕨类植物，苔藓，苏铁，还有一些水果。

2. 虽然我们还不确定，但剑龙可能有一个像鹦鹉或海龟一样的喙状物，它由角蛋白构成。为了确定这是否是真的，科学家们已经做了计算机实验来估算喙对头骨压力产生的影响。实验表明，当喙被添加到三维动画的剑龙头部上时，头骨的整体压力没有变化。而鼻子和下颌的压力实际上更小了。这并不意味着剑龙必然有喙，只是意味着如果有喙的话对它更有利一些。

3. 说某人蠢笨总不是一件友好的事情，但是很多年来我们一直以这样的方式谈论剑龙。如果将它的大脑大小与整个身体的大小进行比较，你会发现它是拥有最小大脑的恐龙之一。我们原本以为它的大脑的大小和形状像核桃或与七叶树类似，现在看起来它更像一根弯曲的香肠。科学家曾经一度认为剑龙大脑太小了（因此一定非常蠢笨），以至于它需要一个"额外的大脑"。他们认为第二个大脑会长在靠近臀部的特殊小腰带骨里。谢天谢地，科学家们现在不再认为它的臀部中有一个额外的大脑了。

4. 它的下颌可能只能像一把剪刀那样上下移动，这意味着食物不能被充分咀嚼。如果食物没有被很好地咀嚼，那么到达胃和肠道时就更难消化了，这需要更长的消化时间。解决这个问题的一种途径是拥有非常强大的肠道。大猩猩和河马就是这样，它们有很强大的肠道，使难以消化的植物在肠道中有足够的时间和空间来很好地消化。剑龙的胃和肠道也非常强大，这表明它可以消化许多坚韧的植物。你想象一下大猩猩、大象或者奶牛，它们都有很强大的肠道来帮助它们分解大量坚硬的植物。

5. 我们确切地知道剑龙有骨板或鳞甲，但科学家们对它们的实际功能存在争议。它们是用来做盔甲、给配偶留下深刻印象、吓跑掠食者，抑或根据需要调节体温保持温暖或凉爽？ 请参阅第 31 ~ 35 页的"问问专家"以了解有关此问题的更多信息。

6. 每只后足仅有三个短脚趾。

7. 每只前足都有五个脚趾，但只有里面的两个脚趾有很钝的蹄。

　　当一些化石被发现后，我们现在描绘的剑龙与以往的认知截然不同。我们过去认为剑龙有八个下垂的尾刺，现在知道它们有四个水平伸出的尾刺。 过去一些科学家曾认为尾刺长在剑龙的踝关节上，用来打击站在

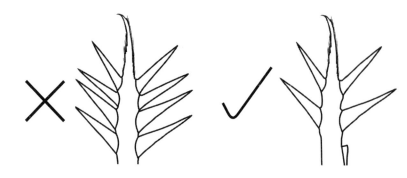

后肢附近的动物。我们曾经以为身材壮硕的剑龙肥胖且行动缓慢，脑袋和尾巴都耷拉在地上，今天我们知道它们并不是真的看起来整天都无精打采的。而最大的认知颠覆在于：人们过去认为它的骨板位于背部，斜悬在身体侧面，现在大家都知道，剑龙背部的骨板是直立的。

剑龙的尾巴有两个名字。第一个是"尾刺"，第二个是"锥形钻头"。一些科学家喜欢"锥形钻头"，而有些更喜欢"尾刺"。你喜欢用哪个名字呢？

第五章

恐龙地盘

栖息地与生态系统

看过剑龙的解剖结构后，你会发现它们脖子很短，头很低，牙齿也不能咀嚼和研磨坚硬的植物，所以科学家们认为它们食取贴近地面的植物，也许是一束灌木或者树枝，或者一些蕨类、针叶树、苏铁，甚至是一些水果和苔藓植物。虽然我们现在还不能确定，但是科学家们认为剑龙可以靠后肢站立来探食长得较高的植物。因为我们目前还不能百分之百地确定剑龙是否能仅用后肢站立，所以也无法准确知道它们食取什么食物。如果它们只能四足站立，那么它们就只能吃到距离地面一米左右的植物，但是如果它们能够用

后肢站立的话，它们就能吃到距离地面 6 米范围内所有的食物，这会使它们的食物范围发生巨大的变化，有更多选择的种类。未来总有一天我们会搞清楚这些的。而且，

剑龙很可能对于苏铁种子的传播有重要的作用，想想看，剑龙给种子包裹上一层绝好的肥料，对于种子生长是一件再好不过的事情。

史前发生过几次巨大的生物灭绝事件，譬如三叠纪晚期，地球上 80% 的物种都灭绝了。另一个就是著名的白垩纪末期，小行星撞击地球导致超过 75% 的物种灭绝。但是还有一些生物因为其他的原因而灭绝，比如，为什么剑龙在白垩纪早期就大量灭绝了呢？其他的恐龙快乐生活的时候，它们却灭绝了。是开花植物！开花植物杀死了剑龙。白垩纪早期的植物种类发生了变化，开花植物开始大量出现，此时苏铁这类植物开始灭绝，而剑龙还没有习惯吃开花植物，于是越来越难寻觅到食物，随着时间推移，开花植物开始称霸地球，剑龙也就没有食物可以吃了。最终，因为食物匮乏，以及新的能够食取开花植物的恐龙的大量繁衍，剑龙渐渐地退出了自然的历史舞台，成为历史书中的内容。

在剑龙灭绝之前，它们生活在河流、湖泊、湿地、沙滩等多种环境中。整个地区周期性洪水泛滥，因此土地非常肥沃，但是其他季节却很干旱。

像南洋杉这样的植物很少，还是以针叶树、苏铁、蕨类、马尾草、苔藓以及真菌为主。

在这期间，还有其他很多种类的恐龙和剑龙生活在一起，蜥脚类恐龙在这个区域很常见，同时也有很多可怕的肉食性恐龙，其中异特龙是主要的掠食者。

剑龙的化石常常和异特龙、雷龙、圆顶龙、梁龙的化石一起被发现。下面这些恐龙你能认出多少？

蜥脚类恐龙：

雷龙

梁龙

腕龙

圆顶龙

重龙

兽脚类恐龙：

角鼻龙

异特龙

蛮龙

虚骨龙

鸟臀类恐龙：

弯龙

橡树龙

德林克龙

小测试

你真的了解恐龙吗?

· 剑龙生活在什么年代?

· 剑龙有多少根尾刺?

· 剑龙后足有多少个脚趾?

· 为什么剑龙会灭绝?

（答案见本书第 83 页）

科学前沿：
恐龙声音是
什么样的？

我们都知道恐龙的叫声震耳欲聋，非常恐怖。但事实是这样吗？对于这个问题的答案，我知道该问谁——我的同事达伦·纳什博士，他是一位在英国工作的古生物学家和科普作家，他的答案可能会让你大吃一惊。

让我们先设定一个场景：两只恐龙正在为生存下来打得你死我活，用自己的尾巴疯狂地抽打对方，并且露出锋利的牙齿和爪子。我们现在对恐龙已经十分了解，所以想象出这样一幅画面是比较容易的。但是你能想象出它们打斗时的声音吗？它们喊叫吗？它们嘶吼吗？还是一声不出非常安静？我们需要寻找证据。

我们为什么会觉得恐龙发出的声音是低吼声呢？这种观念十分普遍，电影和电视上也常常用这样的表现手法。让恐龙发出吼叫声其实是为了满足戏剧效果，我们都比较喜欢凶猛的暴龙发出的雄浑的吼叫声。但科学会告诉我们怎样的结果呢？

我们依据解剖学对恐龙的研究成果，结合对现存生物的研究，可以推测已经灭绝的恐龙是如何发出声音彼此交流的。鸭嘴龙头部的肉

冠，角龙类恐龙的巨大鼻子，蜥脚类恐龙细长而且中空的骨骼看起来都是用来放大声音或者产生共鸣的。他们从声带或者胸腔产生声音，经过鼻腔和嘴部传送到身体以外。如果你看看现存的与恐龙血缘相近的动物，比如鳄鱼和鸟类，你会发现它们在求爱、战斗、交流的时候就会发出声音。

但是鳄鱼和鸟类使用不同的器官发出声音，鳄鱼使用喉咙发声，而鸟类使用胸腔的鸣管发声。恐龙也会使用其中一种器官发出声音吗？还是它两者都会？目前为止，我们还不能确定，尽管现在有一些证据可以表明，一些与鸟类相似的恐龙可能使用胸腔鸣管发声。如果恐龙拥有这两种器官之一，那么它们很可能是紧闭嘴巴，发出低沉的嘶嘶声或者隆隆声。这样看来，恐龙至少可以发出各种声音，比如嘎嘎声，吱呀声。但是现在还没有找到明确的证据，而科学研究必须有足够的证据才能下结论。

那么如果恐龙喊叫时是张开嘴巴的，情况会如何呢？会像好莱坞电影里拍的狮子大开口那样吗？实际上一点都不像，当你在大街上碰到暴龙的时候确实害怕，但它却不会像狮子那样冲你发出那样夸张的吼叫。

近来有一些令人激动的恐龙化石被发掘出来，科学家们推测一些肉食性恐龙会发出像鸽子一样的咕咕声，或者像鹅一样的嘎嘎声。实际情况是到目前为止还没人知道答案，但是只要我们时刻关注这个话题并且钻研它，总有一天会弄明白恐龙是怎样发出声音的。

第六章

恐龙快闪

进化军备竞赛

许多因素推动演化向前发展，使物种随着时间的推移而改变。可能是特定的生长环境（例如寒冷的环境使得北极熊有一双非常小的耳朵），或者是捕食技巧（想想长颈鹿），但也可能是掠食者与被捕食者之间的竞争。我们把它称为进化军备竞赛，掠食者在某种程度上演化，从而提升成功掠食猎物的概率，被捕食者同样也在演化以降低成为盘中餐的概率。然后掠食者们一遍又一遍地为了提升这种概率而演化，被捕食者反之亦然。进化军备竞赛永远不会终结，并且各个物种都尽力去做对它们自己最有利的事情。

许多被捕食者都有一系列乍看起来令人困惑的适应性的改变。这些改变既可以为自己的物种所用（要么用来找到配偶，要么用来吓跑竞争者），也可用来防御掠食者。不妨想想那些有角的动物，如白犀牛和非洲水牛，这两者有些相似。这些相同的适应性的改变可以用来展示或作为武器。但对于恐龙这类灭绝的动物，我们没有足够的相关证据。你应该像那些优秀的科学家们一样常常问自己："怎样证明，证据在哪里？"

这场争斗基于实际的化石证据，科学家们把剑龙和可能会是它的掠食者的异特龙拼凑在一起。

战斗开始

在 1.52 亿年前的雨季，清晨的寒意还未散去，弥漫的薄雾阻挡了视线，但是阻挡不了发出低沉声音的剑龙族群吃马尾草。它们巨大的胃在进食时发出低沉的声音。雾开始慢慢散去但是仍然难以看清。

一只体形庞大的雄性剑龙远离其他剑龙，在一堆高耸的巨石旁独自进食。当它进食时，巨大的骨板在背上慵懒地摇晃着，长长的致命的尾刺隐藏在灌木丛中。当雾散去，它抬起头注意到一只雌性异特龙正在靠近。这只异特龙在飘忽的雾气的掩盖下已经跟踪剑龙一小时了。现在异特龙逐渐向剑龙靠近，它低下头并张开长满尖牙的大嘴。剑龙抬起头，发出低沉的隆隆声回应异特龙。剑龙抬起并摇晃它的尾巴作为对异特龙的警告，它的尾刺撕碎了灌木丛。

其他的成年剑龙环绕着幼小的剑龙，保护它们免于受到攻击。这只巨大的雄性剑龙用它身体一侧的骨板来恐吓异特龙。这些骨板因为充满血液而变得通红，角质的覆盖物也变了颜色，它亮出厚且带有条纹的骨板作为严重警告。它将尾巴对准异特龙并且用力地挥动，60厘米长的尖刺呼啸着划破天空。异特龙试图接近剑龙脆弱的头部和身体侧面，但是剑龙不断地摇摆它的尾巴来阻止异特龙的靠近。一旦它的尾巴准确地击打到异特龙身上，异特龙就会受到致命一击。

剑龙足足7吨重的身体致使它行动缓慢，但是异特龙仅有1.5吨重，这使得异特龙比剑龙要灵活许多，能不停地移动。异特龙绕着剑龙转圈，突然跳上了剑龙的背并咬住剑龙的骨板。异特龙紧紧地攀附于剑龙的背上，用它的牙齿疯狂地撕咬剑龙的一块骨板。它的爪子深深地刺进剑龙的皮肤，剑龙惊慌失措地跳起来，抬起了它的前肢。

摔倒在地对剑龙来说十分危险，而且剑龙很少用后肢站立，所以当异特龙突然离地六米高时，它大吃一惊。异特龙的爪子受伤了，导致它十分狼狈地跌落到地面上。剑龙快速地移动并朝异特龙甩动它的尾刺。尾巴上的一个尖刺刺中了异特龙的腿，损伤了它的肌肉和肌腱。剑龙继续猛烈地攻击，将它的尾刺用力地刺进了异特龙的尾巴，刺穿了异特龙的皮肤、肌肉和骨头。之后，这只巨大的剑龙缓缓离开，留下了流血不止、奄奄一息的掠食者。

复原这场史诗级战斗的灵感来自一组真实的异特龙与剑龙相遇的化石。一只剑龙的骨板上发现了被咬后留下的 U 形痕迹。古生物学家们研究牙齿印记时，发现这与一只异特龙的齿印完美匹配。而更好的证据是古生物学家们发现，一只异特龙尾部的脊椎骨受到过严重的伤害。这根骨头中有一个洞，是被长且锐利的物体用巨大的力量刺穿后留下的。古生物学家们发现这个洞的大小与剑龙尾刺的大小完全一致。更不可思议的是，他们发现这只死亡异特龙时，它的骨头已经开始愈合，这意味着在这场战斗结束之后，异特龙虽然受了重伤，但仍存活了相当长的一段时间。

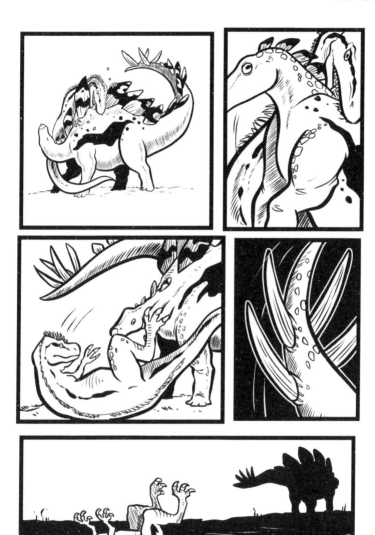

剑龙	
速度	2
平均体重（吨）	5
灵活性	3
武器（牙齿、角）	8

异特龙	
速度	7
平均体重（吨）	3
灵活性	8
武器（牙齿、角）	5

最致命的恐龙？

在这套"给孩子的恐龙书"中，你可以在每本书里都读到不同恐龙之间的战斗：掠食者与被捕食者之间的战斗，愤怒的植食性动物间的竞争，或掠食者之间的相互攻击。每一次被发现的真实化石证据都被用于还原一场史诗般的古老动物战争。

然而，你仍可以通过想象它们之间的战斗来找出谁是最真正致命的恐龙。将你认为会赢得这场战斗的恐龙填入下一页的图表中。不要只选择那些体形最大或是拥有最锋利牙齿的恐龙，要想想它们的武器和防御机制，想想恐龙是成年还是幼体，是雄性还是雌性。每一个因素都会带来不同的结果。第一场战斗发生在鸭嘴龙与伤齿龙之间，伤齿龙赢得了胜利。我认为战斗发生在夜晚，伤齿龙有所有恐龙中最大的大脑（按头所占的身体比例来算）和最大的眼睛，以及锋利的牙齿和爪子。而鸭嘴龙处于幼年，并且看不清掠食者。当伤齿龙咬到鸭嘴龙的喉咙时，伤齿龙便在这场战斗中获胜了。

祝你们在寻找谁是最致命的恐龙中玩得愉快！

剑龙

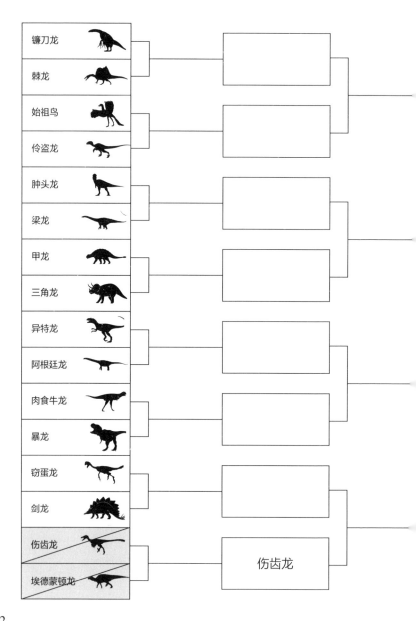

镰刀龙

棘龙

始祖鸟

伶盗龙

肿头龙

梁龙

甲龙

三角龙

异特龙

阿根廷龙

肉食牛龙

暴龙

窃蛋龙

剑龙

伤齿龙

埃德蒙顿龙

伤齿龙

半决赛

决赛

最致命的恐龙

实操训练：
化石发掘者

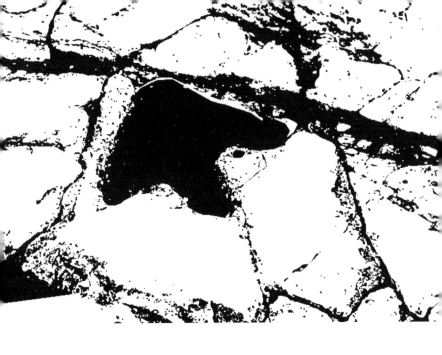

　　就像你从"给孩子的恐龙书"这套书的其他几本书中同样了解到的那样，化石可能以各种各样的尺寸和形态存在。只要保证你挖掘化石的时候很安全并且不会破坏环境，并找得到放置化石的空间，搜集化石是一件乐趣不断的事情。一些化石你可以直接拿在手上，比如骨骼、牙齿化石、菊石化石。但是还有其他种类的化石，例如，遗迹化石就是一种特殊的化石，它们非常重要，但是你却无法将它们拿在手里。遗迹化石不仅记载了骨骼、皮肤、羽毛的各种印痕，而且还反映了动物的行为。它们可以告诉我们恐龙怎样行走，怎样奔跑，是群居还是独居。大多数情况下，遗迹化石是足迹和身体印下的空洞产生的，但也有动物粪便化石这种稀有化石。想弄明白一个已经死亡 6600 万年的生物的行为方式看起来是不可能的，但是遗迹化石使得这件事成为可能。

那么，我们该怎么学习它呢？想象一下你发现了在蒙大拿州河床化石中的君王暴龙脚印或者侏罗纪海岸巨石上一个菊石新物种的美丽足迹。如果你不是一个专业的古生物学家，最好不要擅自将它弄下来，但是仅仅照一张相片似乎又不能反映足够多的细节。好在科学家们现在拥有了一种先进的激光扫描技术，能将遗迹化石进行

扫描做成计算机生成的动画，用以研究。但是在这以前，科学家们会为这个遗迹化石制作一个模子用于研究。下面介绍如何制作化石铸模，这样你就可以保存一个永久的记录。

如何做化石铸模

首先你需要一些熟石膏（可以在各种手工店买到）、水、表面光滑的纸张或者卡纸、一些夹子、一些陶土或者橡皮泥。接下来要做的事情就是找一个遗迹化石然后做铸模了。如果你找不到像菊石和禽龙印记这样的遗迹化石，那就直接在海滩上或者泥滩里印一个自己的脚印吧！

找到化石之后，首先用光滑的纸或者卡纸围一个圆环，并且用夹子将这个圆环固定好。这个圆环要比化石大一些才可以，这样化石才能囊括在里面。如果化石和纸张中间有缝隙，那么用黏土在化

石周围画一个圈，之后再把纸围成的圆环插入到黏土中，这样才能保证之后注入的混合物不会漏出。现在我们制作混合物，将熟石膏和水倒入碗中，你需要一个勺子或者木棍来搅拌，并且将里面的硬块去除。混合好的填充物不能太稀，也不能太稠，想掌握好它没有什么灵丹妙药，操作过很多次后自然就熟能生巧啦！

如果混合物太稀，铸模要等很长时间才能凝固，而且容易产生裂缝；如果太稠，就会快速凝固，无法记录遗迹化石的细节。混合物的黏度应该和奶油蛋糕里的奶油差不多。

用刷子或者吹风的方式把化石清扫干净，保证遗迹化石或刚刚制作的脚印模型光洁，将制作好的混合物，慢慢倒入遗迹化石

注意安全

你可能想要为你自己的手铸个模子，然而把手放入熟石膏混合物中太长时间是非常危险的。熟石膏会变得非常非常热，会灼伤你的手。在制作混合物的时候，手上或者指头上沾到一些是没问题的，但在它们干燥的过程中千万不要把手放进去。如果你想做个手模，在手工艺商店有专门的混合物。

上或者你自己的脚印模型中，保证每一处都被混合物填满。倒入的混合物的厚度，至少要保证在2厘米以上，这样在凝固以后才不容易开裂。熟石膏大约需要10分钟才能凝固。10分钟后，混合物表面已经是固态的了。如果你能把指头压入石膏里面，说明它还没有凝固好。当混合物已经干燥凝固，将它从遗迹化石或者你自己的脚印模型里慢慢拿出来，再去掉旁边的圆环。重要的是要记住，你做的铸模正好与遗迹化石是镜像相反的。用刷子把做好的模型上的沙子和土清扫干净，如果你喜欢，你甚至可以用一些颜料给它上色，标注出重要的部分（而我喜欢什么都不涂）。

所有的遗迹化石都在告诉我们留下这印记的动物的故事。那下面这些恐龙的遗迹化石告诉我们什么呢？

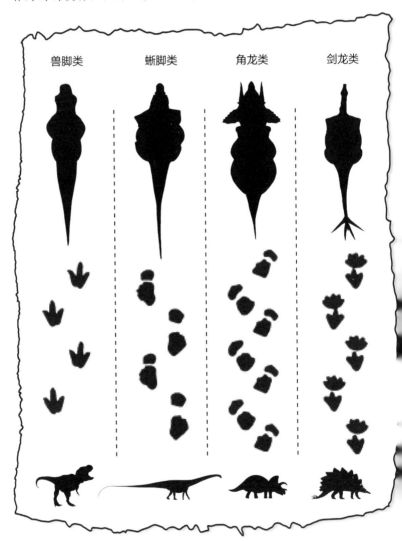

作为一个小小科学家，你需要尽可能地记录详细的信息。在制作好的铸模背面，用签字笔写下发掘地点和相关数据，如果有能力，

兽脚类　　　蜥脚类　　　角龙类　　　剑龙类

把留下印记的物种名字也记录下来。

如果你想玩，还可以用大的恐龙玩具模型在泥巴或者沙滩上留下印记来做铸模练习。

小测试答案

第 24 页

· **化石骨骼中帮助我们判断是恐龙还是其他动物最重要的部分是什么？**

头骨。

· **在翼龙、异齿龙、巨棘龙中哪些不是恐龙？**

翼龙和异齿龙。

· **异齿龙生活在什么年代？**

2.7 亿年前的二叠纪。

· **我们可以确定的剑龙是哪两种？**

科摩崖剑龙和狭脸剑龙。

· **巨棘龙有什么特别之处？**

有两个巨大的肩棘。

第 57 页

· **剑龙生活在什么年代？**

晚侏罗纪，1.55 亿至 1.50 亿年前。

· **剑龙有多少根尾刺？**

四根。

· **剑龙的后足有多少个脚趾？**

三个短脚趾。

· **为什么剑龙会灭绝？**

它吃的苏铁和其他植物消失了，很难再找到食物。它没有演化得能吃新出现的开花植物。

你答对了多少？

专业词汇表

白垩纪：

地球历史上的一个地质时期。（见本书第 20 页。此页为该词首次出现处，余同）

变温动物：

一种依赖于外界环境热量输入才能保持体温的动物。变温动物的典型例子是爬行动物。经常使用的另一个术语是"冷血动物"，因为"冷血动物"仍然有温暖的血液，所以这并不是一个好的术语。唯一的区别是它们的血液温度会因周围环境而变热，例如太阳。（见本书第 33 页）

窗 / 孔：

骨头上小洞的名字，不包括受伤造成的洞，且不包含所有洞，但一些洞已经被正式称为窗 / 孔。这个词来源于法语中"窗"这个词。（见本书第 39 页）

单孔亚纲：

意思是"融合弓形结构"，包括哺乳动物和一些早期类群。单孔亚纲的动物在每个眼睛后面都有一个颞孔，这使得颌骨有很强的肌肉附着。（见本书第 2 页）

股骨：

大腿骨的学名，在腿上部。在许多物种中，它是身体中最大的骨头。
（见本书第 8 页）

古生物学家：

利用化石来研究和探索自然的科学家。古生物学家研究的内容有很
多，包括恐龙、植物、哺乳动物、昆虫和鱼类。（见本书序）

角蛋白：

在许多不同种类的动物身上发现的角质物质。它是构成毛发、指甲
和角的物质。（见本书第 41 页）

菊石：

是与鱿鱼类似的头足纲动物，有扁平圆形的壳，生活在海洋中。它
们生活在 4 亿到 6600 万年之前。它们的壳通常发现于岩石海岸上，
那里也是其他侏罗纪和白垩纪化石被发现的地方。（见本书第 76 页）

属：

生物分类系统中最基础的分类单位之一。每一种动物（包括人类）
都有一个由两个部分组成的学名，即属和种。一个典型的例子是君

王暴龙——暴龙是属名，君王是种名。（见本书第 14 页）

三叠纪：

地球历史上的一个地质时期。（见本书第 26 页）

兽脚类：

兽脚类恐龙通常是双足肉食性动物。暴龙、异特龙，棘龙和伶盗龙
都是兽脚类恐龙。（见本书第 14 页）

双孔亚纲：

意为"两个弓形结构"。鳄鱼、蜥蜴、蛇、乌龟和恐龙等，都属于
双孔亚纲。（见本书第 2 页）

苏铁：

一类具有很长化石记录的植物，在史前时期更为常见。它们通常有
一个粗粗的木质树干和一个又大又硬的皇冠状的常绿树冠。苏铁可
以从几厘米长到几米高。有些能活一千年。（见本书第 48 页）

生态系统：

各个物种在一个特定的环境中相互作用形成的系统。（见本书第 54 页）

腰带骨：

　　臀部的髋关节和周围的一组骨骼被称为腰带骨，它是由几块骨头组合在一起的。（见本书第 19 页）

侏罗纪：

　　地球历史上的一个地质时期。（见本书第 13 页）

植食性动物：

　　只以植物为食的动物。（见本书第 12 页）

图片来源：

Adobestock: 2~3, 12, 19, 26, 28, 29, 30~31, 32, 33, 34, 35, 36, 43, 65, 68, 71, 79, 84, 94, 95, 108, 109. Canstock photo: 69. Commons. wikipedia. org: 16, 17, 34, 94. Depositphotos: 1,2, 28, 29, 33, 34, 35, 36, 43, 68, 71, 80, 81, 91, 94, 108, 109. Dinotherocker@Deviantart: 109. Ethan Kocak: 5, 6, 9, 11, 15, 16, 24, 25, 32, 37, 38, 39, 42, 44, 45, 46, 47, 48, 51, 55, 66, 67, 72, 73, 77, 82, 83, 89, 97, 99, 105. Gabriel Ugueto: 61. Scott Hartman: 21, 52, 54, 56~57, 58, 59.

* 上述图片来源与原版书所有信息一致。